Siddhan Sivakumar

# Análise dos materiais do radome e da antena de palheta através do método dos elementos finitos

**Siddhan Sivakumar**

# Análise dos materiais do radome e da antena de palheta através do método dos elementos finitos

**ScienciaScripts**

**Imprint**

Any brand names and product names mentioned in this book are subject to trademark, brand or patent protection and are trademarks or registered trademarks of their respective holders. The use of brand names, product names, common names, trade names, product descriptions etc. even without a particular marking in this work is in no way to be construed to mean that such names may be regarded as unrestricted in respect of trademark and brand protection legislation and could thus be used by anyone.

Cover image: www.ingimage.com

This book is a translation from the original published under ISBN 978-620-7-64729-3.

Publisher:
Sciencia Scripts
is a trademark of
Dodo Books Indian Ocean Ltd. and OmniScriptum S.R.L publishing group

120 High Road, East Finchley, London, N2 9ED, United Kingdom
Str. Armeneasca 28/1, office 1, Chisinau MD-2012, Republic of Moldova, Europe
Printed at: see last page
ISBN: 978-620-7-65916-6

*ANÁLISE COMPARATIVA POR ELEMENTOS FINITOS DE MATERIAIS DE RADOME COM ANTENA DE REMENDO PARA MELHORAR A TRANSPARÊNCIA ELECTROMAGNÉTICA*

*SIDDHAN SIVAKUMAR[*]*

*[1,2]DEPARTAMENTO DE ENGENHARIA MECÂNICA, FACULDADE DE TECNOLOGIA DE KUMARAGURU.*

*E-MAIL: AUTOR CORRESPONDENTE :SIVAKUMAR.SIDDHAN.MEC@KCT.AC.IN, TEL: 9940415348.*

# RESUMO


Os radomes têm uma dupla função, oferecendo proteção às antenas e salvaguardando contra a replicação de circuitos. Também desempenham um papel fundamental no aumento do ganho e da directividade da antena através de características estruturais específicas. Os materiais habitualmente utilizados no fabrico de radomes são o PTFE, o policarbonato, o poliéster de vidro, os epóxis e o éster de cianato. Este estudo centra-se na utilização de PTFE e policarbonato com uma frequência de funcionamento de 1,789 GHz, empregando um radome para encapsular uma antena patch. A antena é posicionada sobre uma base dieléctrica e, no vácuo, o plano de terra e a antena são considerados condutores eléctricos ideais. A investigação efectua uma análise comparativa com base em factores como a distribuição do potencial elétrico e a radiação de campo distante. Além disso, esta investigação abre caminhos para a exploração de materiais avançados no domínio do fabrico de radomes

**Palavras-chave**: Radome, Policarbonato, PTFE, Antena

# 1. INTRODUÇÃO

Um radome, ou cúpula de radar, fornece um invólucro de proteção electromagneticamente visível para medidores e antenas de radar mmWave, que é um componente crucial dos sistemas de radar. O seu principal objetivo é manter a resistência fundamental às intempéries da delicada antena de ondas milimétricas, protegendo-a de factores externos como a precipitação, o vento e a luz do dia. Uma das principais características de um radome é a sua capacidade de manter a transparência electromagnética. Isto significa que deve ter um impacto mínimo na transmissão e receção de sinais electromagnéticos utilizados pelo sistema de radar, permitindo a sua passagem eficaz sem atenuação significativa. Em certos cenários, os radomes podem ser concebidos para modificar intencionalmente as características do feixe de radar. Isto pode ser conseguido através da construção do radome como uma lente ou utilizando formas, materiais ou estruturas específicas para moldar o feixe de radar. Tais modificações podem influenciar o campo de visão e o padrão de radiação do radar. Dependendo dos requisitos específicos do radar como peça de equipamento, os radomes podem ser construídos em formas esféricas, planas ou geodésicas. A aplicação pretendida e as condições circundantes determinam normalmente qual o material do radome - como fibra de vidro, tecido revestido a PTFE ou policarbonato - a utilizar. em que o sistema de radar será instalado.

Normalmente, os grandes sistemas de antenas são cobertos por radomes para os proteger das condições atmosféricas adversas e para lhes permitir funcionar continuamente sem perda de precisão. Os radomes melhoram o desempenho do funcionamento dos sistemas de antenas em condições atmosféricas adversas, como vento intenso, areia, chuva, corrosão, etc. São também muito importantes para reduzir o custo de vida útil dos grandes sistemas de antenas. Existem vários tipos de estruturas de radome para fins específicos dos sistemas de antenas. Dependendo do tamanho das antenas, os radomes são normalmente montados a partir de muitos painéis que são ligados entre si formando juntas ou costuras. Em aplicações discretas de alto desempenho com largura de banda estreita, os painéis são geralmente sanduíches do tipo A, optimizados para uma perda mínima de transmissão em larguras de banda moderadamente estreitas. No entanto, as dimensões físicas da estrutura do painel, por outras palavras, as costuras do radome são normalmente determinadas por considerações estruturais, como a velocidade máxima do vento ou outras tensões resultantes que têm de suportar. No entanto, sem consideração electromagnética, a estrutura degrada o desempenho total do sistema ao introduzir elevados níveis de dispersão. Por conseguinte, é muito importante para todo o sistema minimizar este efeito de dispersão devido à estrutura, protegendo simultaneamente o sistema de antena. O radome é um invólucro estrutural, à prova de intempéries, que protege uma antena de micro-ondas ou de radar para aplicações de radar, telemetria, rastreio, comunicações, vigilância e radioastronomia. O nome "radome" é uma contração das palavras "radar" e "cúpula". Geralmente, os radomes são utilizados para proteger as superfícies da antena de condições ambientais adversas, como vento, chuva, neve, gelo, areia soprada, fungos, corrosão e raios ultravioleta, etc. Além disso, podem ser utilizadas para proteger o pessoal próximo de ser acidentalmente atingido por antenas de rotação rápida. Além disso, podem ser utilizados para proteger e/ou ocultar o equipamento eletrónico da antena da vista do público, especialmente para aplicações de segurança secretas. Neste capítulo, é realçada a necessidade de um radome. Os requisitos dos radomes são investigados. São apresentadas diferentes estruturas de radome e as suas propriedades especiais. Os radomes do tipo sanduíche são definidos e as suas propriedades detalhadas são expressas, incluindo vantagens e desvantagens. Uma cúpula de radar, vulgarmente designada por radome, é uma cobertura protetora concebida para envolver e proteger as antenas de radar e outros equipamentos electrónicos sensíveis dos elementos ambientais, permitindo simultaneamente a passagem de sinais electromagnéticos com o mínimo de interferência. Os radomes são construídos com materiais transparentes ao radar e a outras frequências electromagnéticas, tais como fibra de vidro, materiais compostos ou plásticos especializados como o policarbonato. A principal função de um radome é proteger os sistemas de radar de condições climatéricas como a chuva, a neve e o granizo, bem como de poeiras, detritos e ataques de pássaros. Ao fornecer uma barreira protetora, os radomes ajudam a manter o desempenho e a longevidade do equipamento de radar, assegurando um funcionamento preciso e fiável durante longos períodos. Para além da proteção, os radomes também desempenham um papel crucial na manutenção da transparência electromagnética dos sistemas de radar. São concebidos para terem um impacto mínimo na transmissão e receção de sinais de radar, permitindo que o sistema de radar funcione eficazmente sem perda ou distorção significativa do sinal. Esta transparência electromagnética é conseguida através de uma conceção cuidadosa e da seleção de materiais, tendo em conta factores como as propriedades dieléctricas, a espessura e a forma do radome. Os radomes são amplamente utilizados em várias indústrias e aplicações, incluindo a aviação, marítima, telecomunicações, militar e defesa, monitorização meteorológica, exploração espacial, investigação e sectores comerciais. A sua versatilidade e eficácia na proteção e melhoria do desempenho dos sistemas de radar tornam os radomes componentes indispensáveis nas tecnologias e infra-estruturas modernas. Em geral, o desenvolvimento e a utilização de radomes continuam a evoluir com os avanços da ciência dos materiais, da simulação electromagnética e da tecnologia de radar, garantindo sistemas de radar robustos e eficientes para uma vasta gama de aplicações críticas.

**Figura.1: Preparação de um painel do radome para transporte**

## 1.1.Necessidade de Radomes

O radome deve ser construído com um material que proteja a antena das condições climáticas adversas, atenuando minimamente o sinal eletromagnético transmitido ou recebido pela antena. Por outras palavras, o radome deve ser fisicamente forte para proteção e transparente às ondas electromagnéticas para manter o funcionamento estável da antena. É importante manter o funcionamento estável da antena, protegendo-a das condições climatéricas adversas. Um radome é frequentemente utilizado para evitar que o gelo e a chuva gelada se acumulem diretamente na superfície metálica das antenas. Especialmente no caso de antenas estacionárias, quantidades excessivas de gelo podem desafinar a antena a ponto de sua impedância na freqüência de entrada aumentar drasticamente, fazendo com que a relação de onda estacionária de tensão (VSWR) também aumente. Esta potência reflectida regressa ao transmissor, onde pode causar sobreaquecimento. Um circuito de foldback é ativado para evitar isto. No entanto, faz com que a potência de saída da estação caia drasticamente, o que leva à redução do seu alcance.

O vento é um fator importante para as antenas de radar fixas e giratórias. O vento muito intenso pode distorcer a forma e o apontamento da direção da antena ou pode causar irregularidades na rotação de uma antena rotativa. Por conseguinte, a utilização do radome aumenta a precisão de apontamento e de seguimento A chuva é um fator importante para as aplicações de radar de alta frequência. Especialmente acima de 5 GHz, o efeito de perda de transmissão de frequência aumenta muito rapidamente. Este efeito conduz a uma perda de transmissão de 10 dB acima dos 30 GHz. Por isso, é importante evitar este efeito em aplicações de antenas de elevado desempenho, utilizando um radome com revestimento hidrofóbico. Informações detalhadas sobre a caraterística de revestimento hidrofóbico dos radomes são dadas na secção 2.3.2 denominada "Requisitos electromagnéticos dos radomes". Do ponto de vista económico, os radomes são comprovadamente muito eficazes quando se consideram os custos do ciclo de vida dos sistemas de antena. Uma vez que o sistema de antena se encontra num ambiente protegido, os custos de manutenção são reduzidos ao mínimo. Os requisitos estruturais da antena são menos rigorosos, o que resulta em custos reduzidos de fabrico e instalação e na utilização de motores de posicionamento mais pequenos [2]. Como instalação, os radomes proporcionam um ambiente benigno para todos os componentes electrónicos e pessoal que têm de estar localizados perto da antena para a conceção ou reparação de aplicações. Isto é especialmente importante em condições climatéricas adversas, tais como temperaturas extremas, areia ou sujidade, salpicos de sal e chuva gelada [2]. Por conseguinte, é muito importante dispor de radomes para sistemas de antenas de radar de grandes dimensões e de elevado desempenho.

## 1.2. Requisitos dos Radomes

Os radomes são partes importantes dos sistemas de antenas de alta frequência. Os radomes devem proteger os sistemas de antena das condições climatéricas adversas. A conceção do radome deve ser tal que, ao mesmo tempo que protege o sistema, atenue minimamente o sinal eletromagnético recebido ou transmitido pela antena no seu interior. Podemos investigar os requisitos dos radomes em duas partes diferentes, tais como "requisitos mecânicos dos radomes" e "requisitos electromagnéticos dos radomes".

**Figura.2:** -Início, instalação intermédia e final de uma estrutura de radome

## 1.3. Requisitos mecânicos dos radomes

Ao conceber radomes, é importante decidir as suas propriedades físicas, ou seja, mecânicas. Os radomes são utilizados em diferentes aplicações, tais como aplicações navais, aplicações aeronáuticas e aplicações terrestres. O local onde o sistema de antena é construído tem de ser considerado e concentrado com as suas próprias propriedades no início. Esta consideração deve incluir a carga de neve e chuva, a classificação do vento/rajada, a temperatura do local onde o sistema funciona, os custos de instalação, transporte e reparação do sistema. Dependendo da força das condições climatéricas sobre o sistema de antena, o fabrico da estrutura altera-se. Por exemplo, geralmente os radomes são concebidos para funcionar com velocidades de vento até 60 m/s (134 mph) e cargas de neve ou gelo até 235 kg/m2 (50 lb/ft2) [4]. Para uma aplicação com requisitos de velocidade do vento ou de carga de neve mais elevados, o rácio de peso da estrutura tem de ser aumentado. No entanto, o aumento das propriedades estruturais do radome pode degradar o desempenho eletromagnético do radome se este não for corretamente concebido. Além disso, a temperatura nas proximidades é também uma consideração importante. Por exemplo, se o radome escolhido for utilizado com um grande sistema de antena de radar, deve haver pessoal nas proximidades para instalar e reparar os sistemas. Mesmo para os equipamentos electrónicos da antena existem requisitos de temperatura. Se o sistema de antena for construído num clima frio, as propriedades de isolamento térmico da estrutura do radome têm maior importância. O tamanho do sistema de antena pode variar entre 1,8 m e 60 metros de diâmetro. Para cobrir grandes sistemas de antenas, os radomes são compostos por muitos painéis. Estes painéis são fabricados e depois transportados para o local do sistema de antena e aí instalados (Figuras 1 e 2). Do ponto de vista do transporte, o tamanho do painel é uma questão importante. Num projeto típico, as dimensões dos painéis devem ser inferiores a 225 cm. Isto permite a utilização de um contentor de transporte ISO normalizado [4]. Se o tamanho aumentar, o custo de transporte aumenta. No entanto, estes painéis têm de ser instalados na estação de antena, pelo que, se a dimensão dos painéis do radome diminuir, o custo de instalação aumenta. Assim, deve haver uma decisão óptima para o tamanho do painel do radome quando se considera o custo da estrutura do radome.

## 1.4. Requisitos electromagnéticos dos radomes

O radome ideal deve parecer totalmente transparente a qualquer sinal eletromagnético recebido ou transmitido. Uma vez que tal não é possível, o radome deve ser concebido de modo a minimizar o seu impacto eletromagnético sobre a antena fechada. Este impacto pode ser muito elevado para as antenas que necessitam de lóbulos laterais de baixo nível. Os requisitos electromagnéticos determinam a importância das distorções do sinal, tais como a perda de inserção e a perda por dispersão da estrutura do radome no sistema de antena.

## 1.5. Perda de inserção

Nas telecomunicações, a perda de inserção é definida como a perda de potência do sinal resultante da inserção de um dispositivo numa linha de transmissão ou numa fibra ótica. Na conceção do radome, isto significa a perda de sinal do sinal da antena devido à cobertura do radome. Normalmente, é expressa como um rácio em dB relativamente à potência do sinal transmitido, podendo também ser expressa como atenuação. Se a potência transmitida pela fonte for PT e a potência recebida pela carga for PR.

## 1.6. Perda por dispersão

A perda por dispersão está relacionada com o IFR (rácio de campo induzido) do sistema de antena. O IFR é definido como a razão entre o campo disperso para a frente e o campo hipotético irradiado na direção para a frente pela onda plana na abertura de referência de largura igual à sombra da secção transversal geométrica do feixe/cunha da frente de onda.

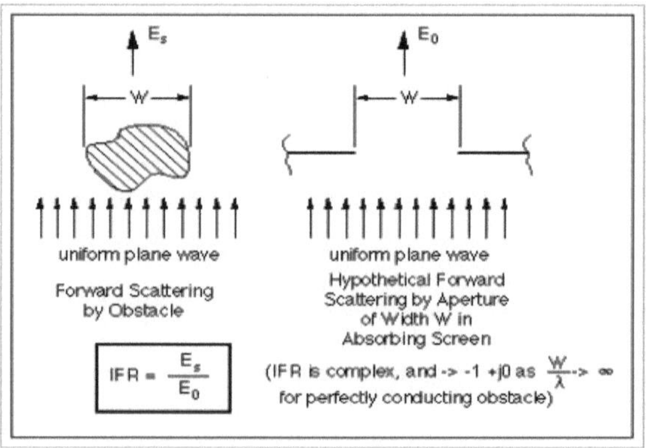


Figura.3: Rácio de campo induzido

## 1.7. Importância da frequência de funcionamento do sistema de antenas

A banda de frequência do sistema de antena é também um fator importante a ter em conta na conceção de um radome de elevado desempenho. A seleção do material para o radome é feita tendo em conta esta banda de frequência. Por exemplo, um material do núcleo do painel do radome pode ter uma perda de inserção fina na banda L, mas ter um fator de perda de inserção inadequado na banda S ou C, etc. O mesmo se passa com a perda por dispersão. Por exemplo, os radomes de armação espacial metálica que têm uma estrutura de alumínio não são tão afectados como os radomes de armação espacial dieléctrica nas aplicações de alta frequência. Por conseguinte, o material dos painéis do radome e da estrutura do painel do radome deve ser escolhido tendo em conta a banda de frequência da antena para um design de radome de antena de elevado desempenho.

## 1.8. Importância da utilização de materiais hidrofóbicos

Há outra questão importante na escolha do material correto para os painéis do radome e para a estrutura da flange do painel. Esta questão é a utilização de materiais hidrofóbicos para reduzir as perdas de inserção e de dispersão A água tem uma constante dieléctrica elevada e uma tangente de perda muito elevada para frequências de micro-ondas e de ondas milimétricas. Consequentemente, mesmo películas finas de água na superfície de antenas, radomes ou guias de ondas de alimentação podem causar uma grande atenuação dos sinais transmitidos ou recebidos. Embora a utilização de um radome elimine as perdas devidas à água depositada nas superfícies da antena, o próprio radome pode permitir a acumulação de água e aumentar as perdas do sistema se a superfície do radome não for hidrofóbica. A hidrofobicidade é medida através da especificação do ângulo de contacto [1O]. O ângulo de contacto é o ângulo entre a superfície e a linha traçada a partir do ponto de contacto (entre a superfície e a gota de água) que é tangente à gota de água, como indicado na figura 1. Quanto maior for o ângulo de contacto, mais esférica é a gota e melhores são as propriedades hidrofóbicas do material. Por exemplo, uma gota de água numa superfície não hidrofóbica pode ter um ângulo de contacto de 15° ou mesmo inferior. Em geral, os materiais que têm ângulos de contacto superiores a 90 graus são considerados hidrofóbicos. A água na superfície hidrofóbica do radome encontra-se em grânulos e não em placas. Se a água estiver em grânulos, a energia será ligeiramente difractada porque as gotículas de água têm dimensões muito inferiores a um comprimento de onda em frequências de micro-ondas. As respostas de dois materiais diferentes à água são expressas na figura 5. Como se pode ver na figura, no material hidrofóbico a água está em forma de gota. No entanto, no material não hidrofóbico, a água apresenta-se em forma de folha, o que é uma caraterística típica da não hidrofobicidade.

**1.9. Tipos de radome.**

Existem diferentes tipos de estruturas de radome para sistemas de antenas. Cada um tem objectivos específicos, vantagens tendo em conta os custos, a frequência de funcionamento e as dimensões do sistema de antena, etc.

**1.9.1** Radomes de **laminado sólido Os** radomes de laminado sólido são utilizados em radares meteorológicos, comunicações comerciais por satélite, aplicações EMI e sistemas de controlo de incêndios. Os radomes de laminado sólido são adequados para aplicações abaixo das frequências de 3 GHz. São compostos por painéis de fibra de vidro duplamente curvos, cujas dimensões dependem do tamanho da antena e das condições climatéricas a suportar. A espessura do painel pode ser alterada para diferentes aplicações. Para aplicações de alta frequência, o SLR deve ser sintonizado.

**Figura 4 Laminado sólido para comunicações de dados a bordo**

Os radomes de laminado sólido são normalmente utilizados para sistemas de antena mais pequenos quando comparados com os radomes DSF e MSF. O tamanho normal do SLR é entre 1 e 5 metros de diâmetro [3]. A vantagem do SLR é a sua relação custo-benefício. No entanto, a distribuição aleatória dos painéis, cuja importância é apresentada no Capítulo 4, é impossível para radomes de laminado sólido. Este facto conduz a uma maior degradação da direção de sondagem e dos lóbulos laterais e constitui o principal limite de utilização para aplicações de elevado desempenho com radomes de laminado sólido.

## 1.9.2 Radomes de estrutura espacial dieléctrica

Os radomes de estrutura espacial dieléctrica são normalmente utilizados para comunicações de baixa frequência e aplicações de ensaio EMI abaixo de 1 GHz. A estrutura do quadro do DSF é geralmente feita de fibra de vidro [3]. A utilização de fibra de vidro como estrutura em radomes DSF evita problemas de corrosão em ambientes agressivos e salinos.

**Figura 5 .Radome de laminado sólido com 3,05 m de diâmetro para o sistema de controlo de tiro da pistola MK-86**

**Figura 6:** Radome de estrutura espacial dieléctrica

Os painéis são compostos por membranas que são pré-tensionadas para formar um painel rígido. O processo de pré-esforço elimina as membranas onduladas e agitadas do painel e elimina a necessidade de pressurização para reduzir a limpeza por óleo, o ruído de som/vibração, a microfonia e as características de falha por fadiga, etc. [2]. Os painéis podem ter geometrias regulares ou geometrias aleatórias. O tamanho dos radomes DSF varia entre 1,8 metros e 20 metros de diâmetro [3]. Para sistemas de antenas de grandes dimensões, é necessário cobrir a antena com feixes maiores de estrutura de fibra de vidro por razões estruturais, o que provoca uma degradação do desempenho. Por conseguinte, para aplicações de alta frequência em geral, o DSF não é uma escolha lógica.

### 1.9.3  Meta) Radomes de estrutura espacial

Os radomes de estrutura metálica espacial são normalmente utilizados em comunicações militares e comerciais por satélite, recolha de informações, radioastronomia, radares meteorológicos e radares de vigilância 2-D [3]. As formas habituais dos painéis são triangulares nos radomes MSF, como apresentado na Figura 10. Estes painéis são aparafusados entre si para formar uma cúpula geodésica. A estrutura da MSF é feita de alumínio. O alumínio tem propriedades mecânicas mais poderosas do que a fibra de vidro utilizada nas estruturas DSF. Esta propriedade permite utilizar vigas finas de alumínio para a estrutura dos painéis, o que minimiza a perda por dispersão do radome.

**Figura 7** Radome metálico de estrutura espacial com 14,1 m de diâmetro

Tt é um dos radomes mais comuns na engenharia de antenas. Porque os radomes MSF são utilizados entre 0,5 GHz e 100 GHz com elevado desempenho e esta caraterística torna-os únicos. Existem mesmo exemplos de utilização até 1000 GHz com painéis de elevado desempenho [3]. Esta é uma vantagem importante quando comparada com os radomes de estrutura espacial dieléctrica. Outra vantagem do radome de estrutura metálica espacial é o tamanho da estrutura do radome. Uma vez que o módulo de elasticidade do material da estrutura é bastante elevado, é possível conceber radomes MSF até 60 metros de diâmetro utilizando vigas finas de alumínio para a estrutura da estrutura. Além disso, a espessura dos painéis triangulares pode ser variada tendo em conta o desempenho estrutural e a frequência de funcionamento do sistema de antena para obter características óptimas, minimizando a perda de inserção da estrutura do radome.

## 1.10 Comparação estrutural entre radomes de estrutura espacial dieléctrica e radomes de estrutura espacial metálica

Os radomes de estrutura espacial dieléctrica (DSF) e de estrutura espacial metálica (MSF) são montados a partir de muitos painéis, que são compostos por uma estrutura estrutural com paredes de membrana finas ligadas. No caso do radome de estrutura espacial dieléctrica (DSF), a estrutura do painel do radome e as paredes de membrana rígida são unidades monolíticas laminadas de uma só peça fabricadas em materiais de plástico reforçado com fibra de vidro (FRP). As flanges do painel formam a estrutura do radome. Em contraste com o radome Metal Space Frame (MSF), a parede de membrana fina é fixada a uma estrutura metálica de alumínio. Para realizar o processo de fixação, o material da membrana deve ser muito maleável. A escolha habitual do material do painel é o Dacron nos radomes MSF [2]. Enquanto os radomes de estrutura dieléctrica de FRP têm uma parede de membrana rígida, uma parede de membrana de Dacron num radome de estrutura metálica é facilmente reconhecível pelas membranas do painel em movimento. A níveis moderados de velocidade do vento, os radomes de estrutura metálica espacial têm de ser pressurizados para reduzir a oleosidade da membrana, o ruído sonoro/vibração, a microfonia e a falha por fadiga. O material da membrana do painel tem um papel importante e significativo na determinação da resistência da estrutura do radome. Embora o material da estrutura do radome de armação espacial metálica de alumínio seja muito mais forte do que o material de plástico reforçado com fibra de vidro (FRP), que é o material central do radome de armação espacial dieléctrica, o MSF é mais fraco do que o DSF. Esta é a razão do efeito de degradação estrutural das membranas do painel de MSF. Os radomes de estrutura espacial dieléctrica são mais resistentes do que os radomes de estrutura espacial metálica às condições climáticas adversas, como o vento e a corrosão, com membranas de painel bem construídas. Considerando a resistência estrutural dos tipos de radome, existem normalmente dois parâmetros na literatura. São eles a velocidade crítica do vento de encurvadura e o fator de segurança. A velocidade crítica do vento de encurvadura indica a velocidade máxima do vento que o radome pode suportar em segurança. O fator de segurança mostra o desempenho estrutural do radome numa velocidade de vento fixa. Do ponto de vista estrutural, valores elevados para a velocidade crítica de encurvadura do vento e o fator de segurança mostram a resistência da estrutura do radome. Tt é uma figura de mérito para considerar o desempenho estrutural dos radomes. A tabela 1 mostra a velocidade crítica de encurvadura e o fator de segurança para radomes idênticos com estrutura espacial de 41 pés (12,6 m). Em cada caso, o tamanho do membro da estrutura (largura e profundidade) é o mesmo para ambos os tipos de radome. Apenas as propriedades do material de alumínio são substituídas pelo material FRP em DSF e as propriedades do material da parede de membrana fina de Dacron são substituídas pelo FRP em DSF. Conforme apresentado na tabela, o radome de estrutura espacial dieléctrica é 150% mais forte do que a unidade de estrutura espacial metálica. Enquanto o fator de segurança de 2,5 do radome de estrutura espacial dieléctrica é adequado para um requisito de velocidade do vento de 323 km/h, o radome de estrutura espacial metálica equivalente tem apenas um fator de segurança de 1,0. A única forma de o radome com estrutura metálica cumprir com segurança a especificação de velocidade do vento de 323 km/h é aumentar o tamanho dos elementos da estrutura de alumínio ou mudar a membrana para um material mais resistente. Uma vez que é necessário um material de membrana flexível para o fabrico do painel da estrutura metálica espacial, não há outra opção senão manter o Dacron. Por conseguinte, a única decisão disponível para o radome de estrutura metálica espacial é aumentar o tamanho do elemento da estrutura de alumínio. Há, no entanto, uma penalização a pagar pelo aumento do tamanho da estrutura de alumínio. Esta penalização apresenta-se sob a forma de um aumento simultâneo da perda de transmissão e da deterioração do desempenho de RF.

| Radome Design Parameter | Dielectric Space Frame Radome (DSF) | Metal Space Frame Radome (MSF) | Typical Space Frame Radome Picture |
|---|---|---|---|
| Flange Framework Material | FRP | Aluminum | |
| Panel Membrain Material | FRP | Dacron | |
| Critical Buckling Wind Speed | 509 km/h | 323 km/h | |
| Safety Factor at 320 km/h Wind Speed | 2.50 | 1.01 | |

Tabela 1- Comparação estrutural entre radomes de estrutura metálica e radomes de estrutura dieléctrica

### 1.10.1 Radomes pressurizados a ar

Os radomes pressurizados a ar são o tipo de radome mais fácil de implantar, tendo em conta a estrutura do radome. Assemelham-se a balões pressurizados. A figura 6 representa uma instalação típica de uma estrutura de radome pressurizada a ar. No interior dos radomes pressurizados a ar existem ventiladores de insuflação para a operação de pressurização. A proteção mecânica do sistema de antena é obtida através da pressurização do revestimento da cobertura a uma pressão variável optimizada para a velocidade do vento exterior. Não existe uma estrutura de flange para este radome, como apresentado na figura 6. A estrutura exterior do radome é composta apenas por uma cobertura à base de teflon que protege o sistema de antena no interior. O desempenho da frequência de funcionamento depende totalmente das características electromagnéticas do material utilizado na cobertura do radome. As aplicações habituais deste tipo de radomes são inferiores a 20 GHz. São facilmente implantáveis e transportáveis. No entanto, as propriedades mecânicas são menos potentes do que as de outros tipos de estruturas de radome. São adequados para projectos de sistemas de baixo custo e de baixo período de utilização.

**Figura 8:** Instalações inicial, intermédia e final do Radom pressurizado a ar

## 1.10.3 Radomes do tipo sanduíche

**Figura 9:** Radome tipo sanduíche com grandes portas de acesso

Os radomes do tipo sanduíche têm uma construção geométrica com várias camadas. Esta propriedade distingue-os totalmente de outros tipos de radomes. Os radomes tipo sanduíche de três camadas são designados por radomes tipo sanduíche de tipo A e são o tipo de sanduíche mais comum. Existem também radomes tipo sanduíche de três camadas com materiais nucleares nas partes interior e exterior do radome, designados por Tipo B, e radomes tipo sanduíche de cinco camadas, designados por Tipo C

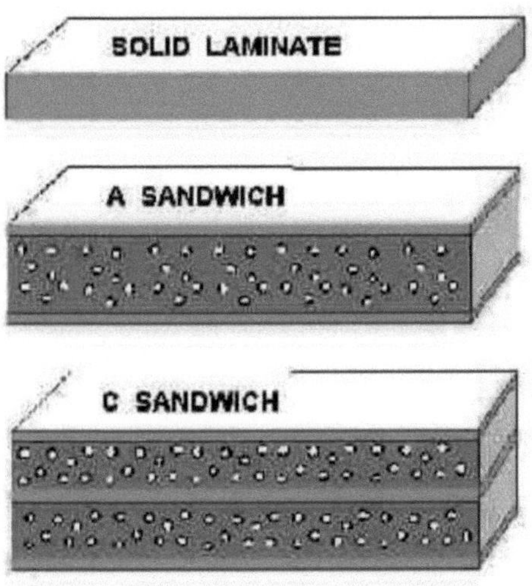


**Figura.1O.** Tipos de radome tipo sanduíche

O nome "sanduíche" provém da estrutura multi-camadas do radome. As dimensões dos radomes em sanduíche podem variar entre 3 e 24 metros de diâmetro [3]. Os painéis poligonais multicamadas dos radomes sanduíche são aparafusados entre si para formar a geometria do radome de esfera truncada. Os painéis têm materiais altamente compósitos que aumentam a consistência e a resistência mecânica da estrutura do radome. As superfícies mais exteriores e interiores dos painéis são feitas de fibra de vidro. O núcleo principal da estrutura do painel inclui materiais compósitos em favo de mel, tais como Kevlar, poliuretano, vidro 3D preenchido com resina, etc. Alguns exemplos de materiais são apresentados na Figura 9 e na Figura 1O. O núcleo principal é a parte principal da criação da diferença de temperatura entre o interior e o exterior. A espessura do núcleo principal depende do nível de exigência da proteção do sistema de antena e do pessoal da antena no interior contra condições climáticas adversas.

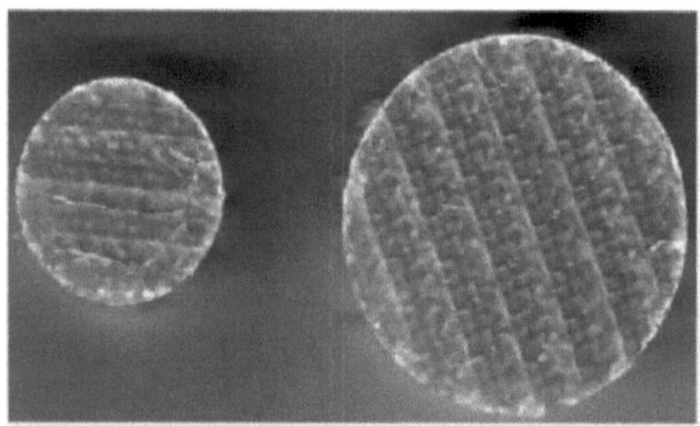

**Figura 11:** Material de vidro 3D utilizado na parte central dos radomes tipo A em sanduíche

**Figura.12:** Materiais do núcleo alveolar utilizados nos radomes tipo A em sanduíche

O gráfico de Smith também é útil para determinar a espessura óptima dos radomes em sanduíche. Para além da propriedade de isolamento térmico, o núcleo de espuma aumenta as propriedades de rejeição de água e também proporciona uma maior resistência ao impacto e uma consistente e elevada transparência de radar sem sacrificar o peso e a estabilidade estrutural, proporcionando assim uma vida útil muito mais longa em ambientes críticos de humidade/impacto. Além disso, a espessura do núcleo de espuma pode ser disposta de modo a ter características óptimas de perda de inserção, tendo em conta a banda de frequência específica de funcionamento do sistema de antena no interior, o que aumenta a transparência radar dos radomes tipo sanduíche. Os painéis multicamadas dos radomes em sanduíche são fixados uns aos outros por costuras, como na figura 12. Como já foi dito, devido a problemas de expedição e transporte, os radomes de antena de grandes dimensões têm de ser compostos por diferentes painéis. A estrutura é constituída pelas costuras, que são as estruturas que unem estes painéis multicamadas altamente compósitos em radomes de tipo sanduíche.

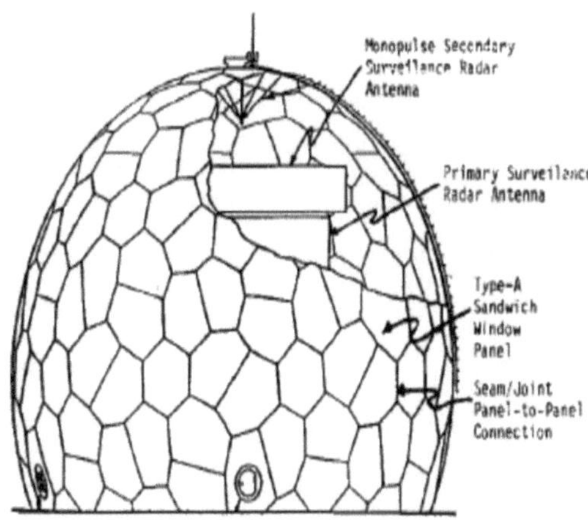


**Figura.13:** Painéis do radome em sanduíche e geometria da estrutura

**Vantagens dos radomes tipo sanduíche.**

Os radomes em sanduíche têm um excelente desempenho eletromagnético em aplicações específicas de banda estreita discreta. Como apresentado no capítulo 4, a operação de afinação na estrutura da estrutura aumenta a transparência electromagnética do sistema de radome. Isto aumenta a utilização de radomes do tipo sanduíche mesmo para aplicações de alta frequência, tal como acontece com os radomes de estrutura metálica espacial. A espessura da pele e do núcleo pode ser variada para obter um desempenho ótimo na frequência de funcionamento dos radomes do tipo sanduíche. Além disso, se houver lóbulos laterais críticos de baixo nível para a antena, o radome tipo sanduíche é uma excelente escolha devido à propriedade de disposição da espessura do painel e da geometria da costura. Além disso, a remoção e a reparação do painel são muito mais fáceis do que noutros tipos de radome.

**Desvantagens dos radomes tipo sanduíche.**

Os radomes do tipo sanduíche têm alguns inconvenientes. A conceção geométrica antes da implantação é muito crítica para os radomes tipo sanduíche, uma vez que são necessárias ferramentas para cada tamanho variável. Além disso, o desempenho eletromagnético é discreto em termos de frequência [3]; por outras palavras, não proporcionam um elevado desempenho em grandes bandas de frequência de funcionamento. Por exemplo, um radome em sanduíche concebido para uma antena que funciona a 5 GHz pode não ter o mesmo desempenho com as mesmas dimensões para uma antena de 20 GHz. Além disso, a tolerância de fabrico dos painéis e a conceção das juntas dos painéis é muito importante para obter concepções de elevado desempenho. Estas características fazem dos radomes do tipo sanduíche a solução mais cara entre outros tipos de radomes.

**Importância das estruturas de enquadramento nos radomes de tipo sanduíche**

Os painéis multicamadas dos radomes tipo sanduíche são fixados uns aos outros pelas costuras. Estas costuras constituem a estrutura de enquadramento dos radomes do tipo "sanduíche". As dimensões físicas das juntas são geralmente determinadas por considerações estruturais, como a velocidade máxima do vento e a tensão resultante que as juntas têm de suportar. No entanto, sem uma consideração electromagnética, as juntas podem degradar o desempenho total do sistema, introduzindo valores de dispersão elevados [12]. Os painéis dos radomes em sanduíche são especialmente fabricados para terem uma perda de inserção mínima com os valores de isolamento exigidos. A perda de transmissão típica dos painéis é de cerca de 0,1 dB, dependendo da frequência discreta de funcionamento. No entanto, a perda por dispersão da estrutura dos painéis (costuras) pode ser 4 a 100 vezes maior sem consideração electromagnética. Para obter um radome em sanduíche de elevado desempenho, é necessário, em primeiro lugar, efetuar uma análise electromagnética da estrutura das costuras. Em seguida, para minimizar o efeito de dispersão da estrutura de junção, é necessário encontrar soluções. O capítulo seguinte (capítulo 3) é dedicado à análise electromagnética da estrutura dos radomes tipo sanduíche. No capítulo 4, para melhorar a transparência electromagnética dos radomes tipo sanduíche, são apresentados e investigados diferentes métodos de conceção.

## 1.11 Comparação estrutural e electromagnética de diferentes geometrias de estruturas de radome em sanduíche

Como referido neste capítulo, o radome deve ser embalado para expedição para transporte mundial. Isto significa que a dimensão máxima dos painéis deve estar em conformidade com as dimensões normais de transporte. Por conseguinte, deve ser concebido de forma a que todo o radome seja composto por painéis que são transportados para o local onde se encontra o sistema de antena e aí instalados. Tendo em conta as restrições em termos de dimensões de transporte, podem ser encontrados no mercado dois tipos comuns de geometria da estrutura do radome em sanduíche, que são as geometrias simétrica em casca de laranja e quase aleatória, apresentadas nas Figuras 14 e 15, respetivamente.

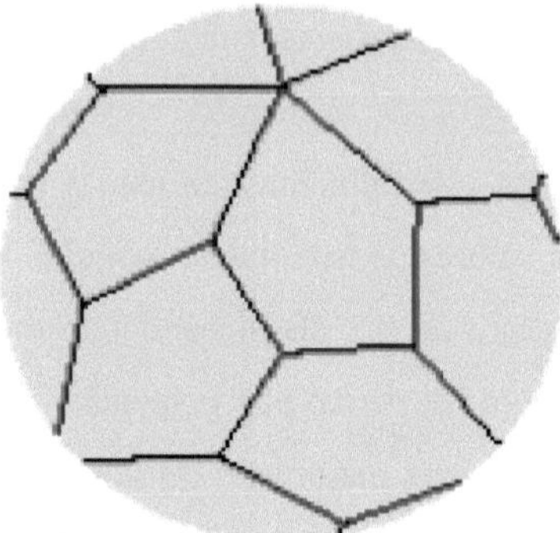

**Figura.14:** Geometria típica de um radome tipo sanduíche quase aleatório

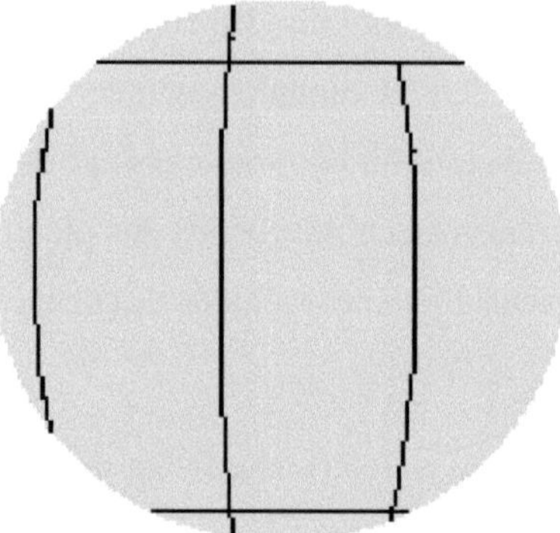

**Figura.15:** Geometria típica do radome em sanduíche de casca de laranja

Os radomes em sanduíche de geometria quase aleatória podem ter formas de painéis triangulares, hexagonais ou pentagonais. Um radome geodésico com painéis triangulares é uma aplicação alternativa da geometria quase aleatória do radome. Os painéis do radome casca de laranja têm geralmente planos planos para facilitar a produção e a instalação. Normalmente têm um custo mais baixo e são utilizados para sistemas de antena de baixo orçamento.

Há também questões estruturais a considerar no projeto entre dois tipos diferentes de radome em sanduíche, porque o principal objetivo do radome é proteger a antena das condições meteorológicas adversas. A tabela 2 apresenta uma comparação estrutural entre o radome tipo sanduíche de geometria quase aleatória e o radome tipo sanduíche de geometria Orange-Peel para um comprimento de 10,7 m de diâmetro. Esta tabela mostra que a geometria quase aleatória do radome é significativamente mais forte do que a geometria simétrica de casca de laranja. O radome quase aleatório é 119% mais forte do que a unidade simétrica casca de laranja e tem um fator de segurança adequado de 2,19 para uma velocidade do vento de 240 km/h. Em contrapartida, o radome simétrico casca de laranja tem apenas uma velocidade de encurvadura crítica de 240 km/h e um fator de segurança de 1,0. Por conseguinte, a utilização de estruturas geométricas quase aleatórias em radomes em sanduíche melhora o desempenho eletromagnético e estrutural do sistema.

| Radome Geometry | Critical Buckling Wind Speed | Safety Factor At 240 km/h Wind Speed | Typical Radome Geometry Scheme |
|---|---|---|---|
| Quasi-Random | 357 km/hr | 2.19 | |
| Orange Peel | 241km/h | 1.00 | |

Quadro 2 : Comparação estrutural entre a geometria do radome em sanduíche quase aleatória e a geometria do radome em sanduíche com casca de laranja

## 1.12 Os radomes têm aplicação em vários sectores, incluindo:

1. Aviação :Proteger as antenas de radar das aeronaves dos danos ambientais sem interferir com os sinais de radar é crucial para a segurança e eficiência da aviação.

2. Marítimo: Os radomes protegem as antenas de radar de bordo das condições marítimas adversas, assegurando uma navegação e comunicação fiáveis e

precisas no mar.

3. Telecomunicações: Os radomes são utilizados para proteger as antenas dos sistemas de comunicação por satélite, assegurando a transmissão e receção ininterruptas do sinal.

4. Militar e Defesa: Os radomes desempenham um papel vital nas aplicações militares, protegendo as antenas de radar e de comunicação em instalações terrestres, veículos e aeronaves contra danos e deteção.

5. Monitorização meteorológica: Os radomes protegem os sistemas de radar meteorológico, permitindo uma monitorização precisa e contínua das condições atmosféricas para fins meteorológicos.

6. Exploração espacial: Os radomes são utilizados em missões de exploração espacial e por satélite para proteger antenas e equipamento sensível de detritos espaciais, micrometeoróides e temperaturas extremas.

7. Aplicações científicas e de investigação: Os radomes são utilizados em várias aplicações científicas e de investigação, como a radioastronomia, onde protegem os radiotelescópios sensíveis dos elementos ambientais, permitindo simultaneamente uma receção clara dos sinais celestes.

8. Comercial e industrial: Os radomes são utilizados em ambientes comerciais e industriais para sistemas de radar utilizados no controlo de tráfego, vigilância e aplicações de deteção remota.

Em geral, os radomes desempenham um papel crucial na proteção e garantia do funcionamento fiável de antenas e equipamentos electrónicos sensíveis em diversos domínios tecnológicos.

**Figura.16:** Aplicações do Radome

A importância de um radome para uma antena de palhetas reside na sua capacidade de proteger a antena dos factores ambientais, mantendo o seu desempenho eletromagnético. Aqui estão alguns pontos-chave que destacam a importância dos radomes para antenas de patch:

1. Proteção ambiental: Os radomes protegem as antenas de patch de condições climáticas adversas, como chuva, neve, vento e luz solar. Ao fornecer uma cobertura protetora, os radomes evitam a entrada de humidade, a corrosão e os danos provocados por detritos ou por ataques de pássaros, assegurando a longevidade e a fiabilidade do sistema de antena.

2. Transparência electromagnética: Os radomes são concebidos para serem transparentes às ondas electromagnéticas dentro da gama de frequências de funcionamento da antena de remendo. Esta transparência permite que os sinais de radar e de comunicação passem através do radome com o mínimo de atenuação ou distorção, preservando as características de desempenho da antena.

3. Integridade do sinal: Sem um radome, os factores ambientais e os danos físicos podem degradar a qualidade do sinal da antena de ligação. Os radomes mantêm a integridade dos sinais transmitidos e recebidos, permitindo uma comunicação precisa e consistente, deteção de radar ou conetividade sem fios.

4. Considerações estéticas e aerodinâmicas: Em aplicações como a indústria

aeroespacial ou automóvel, os radomes contribuem para a estética geral e para a aerodinâmica do veículo ou da aeronave. Proporcionam um perfil aerodinâmico, assegurando simultaneamente que a antena funciona de forma óptima sem comprometer a conceção ou o desempenho.

5. Manutenção reduzida: Os radomes ajudam a reduzir os requisitos de manutenção das antenas de patch, actuando como uma barreira contra contaminantes e desgaste ambiental. Isso pode resultar em economia de custos e maior tempo de operação para sistemas que dependem de antenas de patch.

6. Versatilidade: Os radomes podem ser adaptados a diferentes formas, tamanhos e materiais com base nos requisitos de aplicação específicos e nos ambientes de funcionamento das antenas de remendo. Esta versatilidade permite que os engenheiros optimizem o desempenho ao mesmo tempo que cumprem as restrições de conceção.

Em suma, os radomes são componentes essenciais para as antenas de patch, oferecendo proteção contra elementos ambientais, mantendo a transparência electromagnética, preservando a integridade do sinal, melhorando a estética e reduzindo os esforços de manutenção. A sua incorporação garante que os sistemas de antenas de remendo funcionam de forma fiável e eficiente em vários sectores, tais como telecomunicações, aeroespacial, defesa e aplicações ToT.

Os radomes são construídos com materiais que proporcionam uma combinação de transparência electromagnética, força mecânica, durabilidade e resistência às intempéries. Alguns materiais comuns utilizados para radomes incluem:

1. Fibra de vidro: Os compósitos de fibra de vidro são amplamente utilizados na construção de radomes devido à sua excelente transparência electromagnética numa vasta gama de frequências. Oferecem boa resistência mecânica, baixo peso e resistência a factores ambientais como a radiação UV, a humidade e as flutuações de temperatura.

2. Resina de poliéster: A resina de poliéster é frequentemente utilizada como material de matriz em radomes de fibra de vidro. Proporciona aderência entre as

camadas de fibra de vidro, melhora a integridade estrutural e contribui para a resistência às intempéries.

3. Resina epóxi: As resinas epóxi são preferidas pela sua elevada resistência mecânica, estabilidade dimensional e resistência à humidade e aos produtos químicos. São normalmente utilizadas em aplicações avançadas de radome que requerem um desempenho superior em condições ambientais adversas.

4. Policarbonato: O policarbonato é um termoplástico transparente conhecido pela sua elevada resistência ao impacto, clareza ótica e boas propriedades dieléctricas. É utilizado em radomes onde a visibilidade ou a estética são importantes, como em caixas em forma de cúpula para antenas exteriores.

5. Acrílico: O acrílico, também conhecido como PMMA (polimetacrilato de metilo), é outro termoplástico transparente com boas propriedades ópticas. É utilizado em radomes que requerem clareza ótica e resistência às intempéries, embora possa não ter a mesma resistência ao impacto que o policarbonato.

6. Laminados compósitos: Para além da fibra de vidro, os laminados compósitos que utilizam materiais como a fibra de carbono ou as fibras de aramida (por exemplo, Kevlar) combinadas com resinas epoxídicas são utilizados em radomes que requerem relações resistência/peso mais elevadas e propriedades electromagnéticas específicas.

7. Materiais cerâmicos: Em aplicações especializadas, podem ser utilizados materiais cerâmicos com propriedades dieléctricas adaptadas para radomes que exijam resistência a temperaturas extremas, funcionamento a alta frequência ou características específicas de transparência do radar.

A escolha do material depende de vários factores, como a frequência de funcionamento, as condições ambientais (incluindo a temperatura, a humidade e a exposição a produtos químicos), os requisitos mecânicos, as considerações de custo e o desempenho eletromagnético pretendido. Os engenheiros e projectistas seleccionam os materiais com base numa análise minuciosa destes factores para garantir um desempenho ótimo e a longevidade das estruturas do radome nas aplicações pretendidas.

TIPOS / CLASSES / ESTILOS Os radomes para utilização em veículos de voo, veículos de superfície e instalações terrestres fixas são classificados em várias categorias de acordo com a norma MIL-R-7705B. As categorias são determinadas pela utilização específica do radome e pela construção da parede. A satisfação do cliente é satisfeita pelas seguintes definições de tipo:

• Tipo I: radomes de baixa frequência igual ou inferior a 2 GHz.

• Tipo II: Radomes de orientação direcional com precisão e requisitos direccionais especificados Erro de visada de furo (BSE), inclinação do erro de visada de furo (BSES), distorção do padrão da antena e degradação dos lobos laterais da antena.

• Tipo III: radomes de banda estreita com uma largura de banda operacional inferior a 10%.

• Tipo IV: radomes de banda de frequências múltiplas utilizados em duas ou mais bandas de frequências estreitas.

• Tipo V: radomes de banda larga que fornecem geralmente uma largura de banda operacional entre 0,100GHz e 0,667GHz.

• Tipo VI: radomes de banda muito larga que fornecem uma largura de banda operacional superior a 0,667 GHz.

Definições de estilo Os estilos de radome são definidos de acordo com a construção da parede dieléctrica. Existem 5 estilos básicos. - Estilo A: Parede sólida de meia onda (monolítica). - Estilo B: monolítico de parede fina com uma espessura de parede igual ou inferior a 0,1 comprimentos de onda à frequência de funcionamento mais elevada. - Tipo C: Parede multicamadas do tipo "A-Sandwich". Composta por três camadas, duas películas de alta densidade e um núcleo de baixa densidade. A constante dieléctrica das películas é superior à constante dieléctrica do material do núcleo. 0,25 comprimentos de onda. - Estilo D: Parede multicamada com 5 ou mais camadas dieléctricas. Número ímpar de camadas de alta densidade e número par de camadas do núcleo de baixa densidade. medida que o número de camadas aumenta, o desempenho em termos de frequência de banda larga melhora. - Estilo E: Outras construções de paredes de radome que não se enquadram nas definições de estilo acima referidas. Incluindo a sanduíche B, constituída por dois revestimentos de baixa densidade e um núcleo de alta densidade. A constante dieléctrica dos revestimentos é inferior à constante dieléctrica do núcleo.

## 2. EFEITOS DO MATERIAL NA CONCEPÇÃO DO RADOME

Foram desenvolvidas várias formas e tamanhos de radomes para se adequarem a diferentes aplicações. A seleção do material desempenha um papel fundamental e varia em função de parâmetros específicos como o ganho, a directividade e o campo de utilização pretendido. Além disso, os radomes beneficiam da seleção de materiais com uma constante dieléctrica mais baixa (Dk) e uma tangente de perda mais baixa (Df). Os materiais habitualmente utilizados na construção de radomes incluem PBT (polibutileno tereftalato), plexiglas, policarbonato, Teflon® (PTFE), poliestireno e ABS. É crucial evitar fixações e revestimentos metálicos, em particular tintas metálicas, uma vez que podem diminuir substancialmente a intensidade do sinal. No domínio das antenas de microfita, foram concebidos e estudados radomes de vidro metamateriais e convencionais. Vários parâmetros, incluindo o ganho, o coeficiente de reflexão e a largura do feixe de meia potência, são utilizados para avaliar o desempenho. Em particular, os radomes de metamateriais superam os seus homólogos de vidro convencionais, sobretudo em termos de ganho [Russo et al 2012]. Estes metamateriais melhoram igualmente as propriedades electromagnéticas dos radomes. Consequentemente, os radomes equipados com metamateriais encontram aplicação em contextos relacionados com a vigilância [Soumya et al. 2017; Eibert et al.2017; Srinivasuluet al 2014].

Os processos de conceção e fabrico de radomes são examinados de vários ângulos. Nomeadamente, foram criadas quatro variedades de radomes de estrutura dieléctrica espacial (DSF): configurações do tipo sanduíche com duas ou três camadas, radomes de material laminado como estruturas sólidas e radomes de membrana celular com espessura mais leve. [Chen et al 2010]. As alterações nos radomes são úteis numa série de aplicações, incluindo aplicações militares, de vigilância, de micro-ondas e de radiodifusão

[Mohamed et al 2010;Patel et al2019 ]. Uma vantagem adicional dos radomes é o seu papel na prevenção de acidentes humanos, uma vez que cobrem efetivamente as partes móveis das antenas [Yinusa et al 2009].

As observações demonstraram que, quando comparado com outros radomes com estruturas semelhantes, o radome cilíndrico com uma estrutura hemisférica, feito de material FRP e com uma profundidade de 345 mm, destaca-se como uma escolha superior. [30]. Um outro resultado interessante diz respeito à relação axial da antena coberta, que é inferior a 6 dB em todas as elevações e é consistentemente 2 Db mais baixa no intervalo de variação de elevação de 0°-60° para todas as gamas de frequência. Estes resultados mostram que, tanto nas bandas L como S, o sistema antena-radome demonstra um comportamento favorável à polarização circular. [Raadi et al 2013].

## 2.2  Requisitos electromagnéticos do radome

O desempenho ótimo de um radome depende da sua capacidade de ser quase transparente a todos os sinais electromagnéticos de entrada e de saída. A obtenção de uma transparência perfeita é inatingível, pelo que a conceção dos radomes deve concentrar-se na redução do seu impacto eletromagnético nas antenas contidas. Este impacto pode ser particularmente significativo para as antenas com requisitos rigorosos de minimização da radiação indesejada em direcções não centrais (lóbulos laterais). Os critérios electromagnéticos são fundamentais para avaliar o impacto do radome no sistema de antena, incluindo factores como a perda estrutural do radome na inserção e a redução da dispersão [Micris et al 2009].

## 2.3 Importância da frequência de funcionamento da antena

Ao projetar radomes de alto desempenho, uma das considerações mais importantes é a gama de frequências do sistema de antena. Esta gama de frequências deve orientar a escolha dos materiais para o radome. Por exemplo, a perda de inserção na banda L do material do núcleo num painel de radome pode ser insignificante, mas pode ter características de perda de inserção desfavoráveis noutras bandas, como a banda S ou C. Esta consideração também se aplica à perda por dispersão. Por exemplo, os radomes com estruturas de alumínio, como os radomes de estrutura metálica, são menos afectados por aplicações de alta frequência do que os radomes de estrutura dieléctrica. Por conseguinte, ao conceber um radome de antena de elevado desempenho, a escolha dos materiais para os painéis do radome e para as estruturas dos painéis deve estar alinhada com a banda de frequência da antena. O principal objetivo desta investigação é efetuar uma análise comparativa entre os materiais PTFE e Policarbonato a uma frequência de funcionamento de 1,789 GHz. Esta análise incidirá sobre factores como a radiação de campo distante e a distribuição do potencial elétrico.

## 2.4 CARACTERÍSTICAS DO RADOME

Já há algum tempo que se sabe que a presença de um radome pode afetar o ganho, a largura do feixe, o nível do lóbulo lateral e a direção da visão do furo, ou a direção de apontamento de uma antena de radar. As características do radome são classificadas em

- Características eléctricas

- Características mecânicas

## Características eléctricas

As características de desempenho elétrico são quantificadas em termos de perda de transmissão, deflexão do feixe, distorção do padrão e potência reflectida. A. Perda de transmissão A perda de transmissão é uma medida da perda de energia devida à reflexão e à absorção em resultado da transmissão do sinal através do radome. Procedimentos de reparação incorrectos podem criar regiões de perda de transmissão não presentes no radome original.

B. Deflexão do feixe A deflexão do feixe, também conhecida como erro de visão do furo, é o deslocamento do eixo elétrico do feixe principal devido à presença do radome.

C. Distorção do padrão A distorção do padrão devida à presença de um radome incorretamente reparado pode causar alterações nas larguras do feixe do lóbulo principal, nas profundidades nulas e na estrutura dos lóbulos laterais.

D. Potência reflectida A potência reflectida pode causar a degradação do padrão e aumentar os níveis dos lóbulos laterais. Pode também provocar o arrastamento da frequência de um magnetrão


## Características mecânicas

O objetivo básico da utilização de um radome é proteger uma antena do seu ambiente. É necessário que resista a vários efeitos ambientais como o vento, o granizo, a neve, o gelo, a areia, os relâmpagos e, no caso de aplicações aéreas de alta velocidade, a erosão térmica e os efeitos aerodinâmicos. De facto, estes factores ambientais determinam os requisitos de conceção mecânica do radome. Para satisfazer estes requisitos, não há outra opção senão comprometer o desejo de uma transparência electromagnética ideal do radome, porque os requisitos mecânicos e eléctricos estão frequentemente em conflito. Como salienta o líder, quando as especificações mecânicas são rigorosas (como nos radares aéreos de alta velocidade), é difícil encontrar uma conceção que satisfaça tanto os requisitos mecânicos como os eléctricos. Nessas circunstâncias, pode ser necessário flexibilizar, em certa medida, as especificações eléctricas. Os cinco requisitos mecânicos importantes do radome são os seguintes

Resistência: Para suportar as cargas aerodinâmicas e de manuseamento

•Rigidez: Para proporcionar estabilidade elástica.

•Resistência à temperatura: Para tolerar condições extremas em voo e em terra.

•Resistência à absorção de humidade: Para manter a propriedade do material constante.

•Resistência à abrasão e à erosão: Para reduzir os efeitos da chuva, granizo, poeira, pedra, etc.

# 3. CONCEPÇÃO DO MODELO

## 3.1 Modelação geométrica e materiais para a conceção do radome

O modelo ilustrado na figura 1 representa um radome que engloba uma antena de retalho. Esta antena é constituída por uma fina camada metálica colocada sobre uma superfície dieléctrica circular colocada acima de uma aeronave no solo. Simplificando, a antena e o plano de terra são superfícies condutoras eléctricas perfeitas (PEC) infinitamente finas. A entrada é recebida pela antena através de uma porta de 50 n, que simboliza a ligação da fonte de alimentação. Todo o conjunto está encerrado num invólucro semi-esférico que assenta sobre uma caixa cilíndrica de PTFE. Dentro deste invólucro é utilizado um dielétrico de meia-esfera de vidro de quartzo para aumentar o ganho da antena. O invólucro de PTFE é suportado por um invólucro metálico, que também é representado por superfícies PEC. Este edifício destina-se a funcionar a uma frequência de funcionamento de 1,789 GHz.

## Modelação por elementos finitos

A simulação é efectuada com recurso a ferramentas de análise de elementos finitos (FEA). A principal vantagem das ferramentas de FEA reside na sua capacidade de empregar técnicas de malha. Toda a estrutura da antena é encapsulada numa esfera com propriedades de vácuo. Uma camada perfeitamente casada (PML), que actua como fronteira para o espaço livre, delineia este domínio esférico. É necessário considerar cuidadosamente uma variável: a distância entre a antena e a PML. A PML deve ser posicionada fora da região reactiva de campo próximo da estrutura da antena. No entanto, a definição do tamanho exato do campo próximo reativo é algo arbitrário, pelo que a distância para cada modelo, a distância entre a antena e a PML tem de ser avaliada. Além disso, a espessura da PML - que pode ser mantida em cerca de um décimo do diâmetro da esfera de ar - não é um componente crucial. É preciso ter cuidado ao fazer a malha das estruturas radiantes. Cada material deve conter um mínimo de cinco elementos por comprimento de onda. Quando necessário, um mínimo de três componentes pode ser suficiente. Além disso, é aconselhável utilizar um mínimo de dois elementos por corda de 90° quando se trabalha com arestas e superfícies curvas, sendo sempre aplicado o mais rigoroso dos dois critérios. Para a maioria das regiões de modelação, é preferível utilizar elementos tetraédricos com uma relação de aspeto próxima da unidade, exceto no caso dos domínios PML (Perfectly Matched Layer). Os domínios PML são concebidos para absorver preferencialmente a energia radiada numa direção específica, pelo que a malha deve estar em conformidade, como se mostra na figura.18

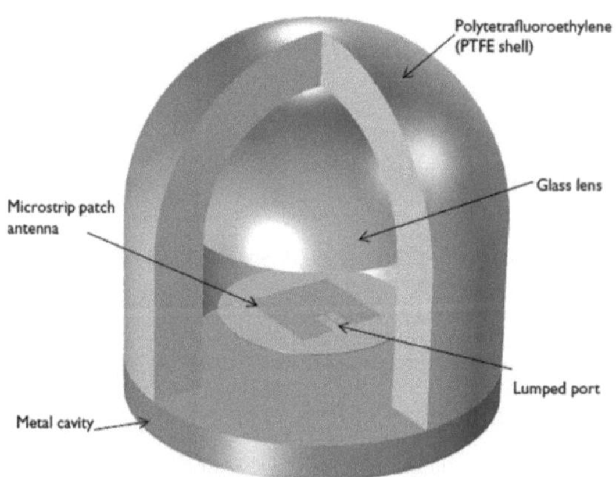



Figura 17 . Antena envolvida por um meio dielétrico.

| S.No. | Parameter | Specifications |
|---|---|---|
| 1. | Frequency of Operation | X -band (9.1 - 9.30 GHz) |
| 2. | Maximum Insertion Attenuation | < 0.1dB |
| 3. | Minimum heat transfer resistance of the radome wall | 0.27kW/m2 |

## Condições de avaliação da eficácia da conceção do radome para melhorar a direccionalidade da antena

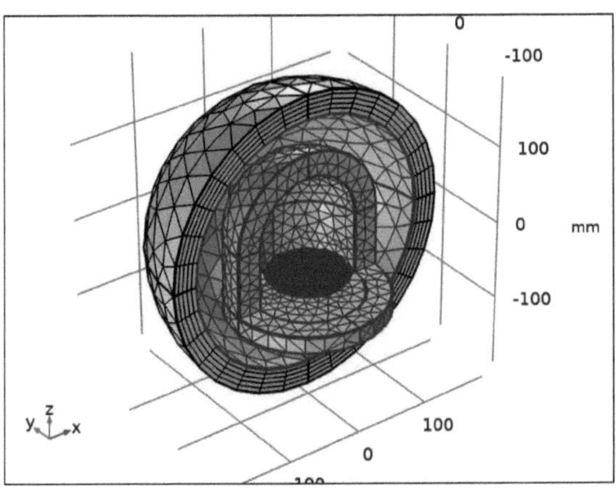


Figura 18. Modelo em malha do Radome

O revestimento do radome é caracterizado pelas propriedades da fibra de vidro e tem uma espessura igual a 1120 do comprimento de onda de funcionamento. O núcleo do radome é feito de espuma e tem uma espessura de 114° do comprimento de onda de funcionamento. As superfícies metálicas são tratadas como condutores eléctricos perfeitos, enquanto as restantes áreas do desenho são preenchidas com ar. Na representação do modelo da antena patch, é utilizada uma camada metálica fina, posicionada sobre um dielétrico circular colocado sobre o plano de terra. O plano de terra e a antena são ambos considerados

41

infinitamente finos e funcionam como condutores eléctricos perfeitos (PEC). Para simbolizar a ligação da fonte de alimentação à antena, é utilizada uma porta de 50-Q e toda a estrutura é envolvida por um invólucro cilíndrico de politetrafluoroetileno (PTFE). Ao incorporar uma meia-esfera de dielétrico de vidro de quartzo dentro do invólucro, podemos aumentar o ganho da antena. É importante notar que toda a estrutura foi concebida para funcionar a uma frequência de 1,789 GHz.

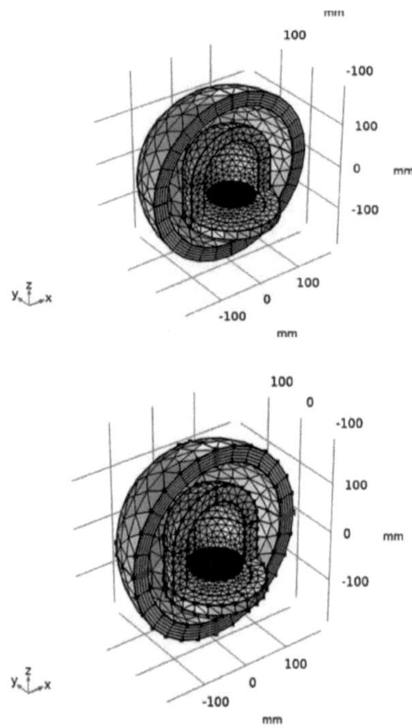

Figura19 Modelo em malha do radome

## Tabela 3. Propriedades da malha

| Descrição | Valor |
|---|---|
| Tamanho máximo do elemento | 37.01 |
| Tamanho mínimo do elemento | 1.11 |
| Fator de curvatura | 0.6 |
| Resolução de regiões estreitas | 0.5 |
| Taxa máxima de crescimento do elemento | 1.5 |
| Tamanho do elemento personalizado | Personalizado |

## Tabela 4. Parâmetros da antena e do radome

| S.N. | Parâmetros | Valor |
|---|---|---|
| 1 | Espessura do substrato da antena (m) | 0.001524 m |
| 2 | Raio dos radomes (mm) | 100 |
| 3 | Altura da parede do radome (mm) | 80 |
| 4 | Frequência | 1.789 |
| 5 | Patch Largura e comprimento (mm) | 50 |

# 4. RESUMO DOS RESULTADOS

Inicialmente, o PTFE é utilizado como material de revestimento da antena, tendo sido escolhida a frequência de operação de 1,789GHz para este material específico. Após a utilização do PTFE, o material Policarbonato é posteriormente utilizado como material do radome. A simulação com resultados comparativos é expandida, incluindo a distribuição do campo elétrico, o grupo de gráficos polares e o ganho no padrão de radiação de campo distante. Os gráficos estão listados da figura 19 à figura 26.

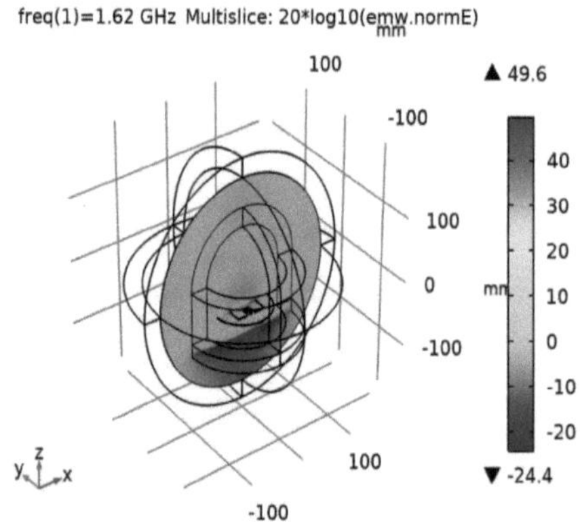

**Figura 19: Campo elétrico (emw)**

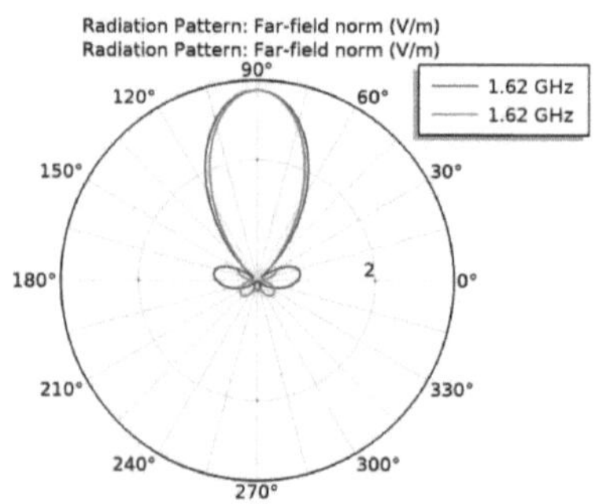

**Figura 20. Padrão de radiação: Norma de campo distante (V/m)-2D**

**Campo distante (emw)**

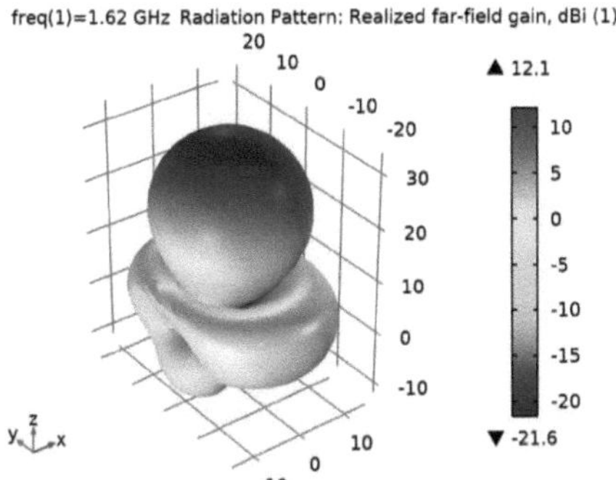


**Figura 21** Padrão de radiação: Ganho de campo distante realizado, dBi

(1) **-3D Campo distante (emw)**

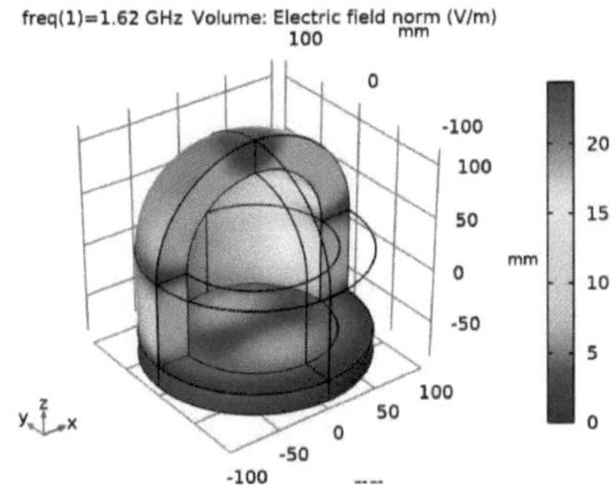


**Figura 22 :** Volume: Norma do campo elétrico (V/m)-3D Plot Group

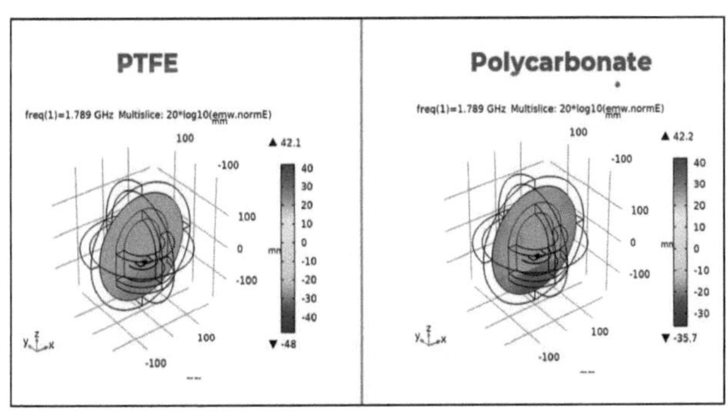


**Figura.23 . Distribuição do campo elétrico no invólucro do radome (2D)**

**para PTFE Vs Policarbonato**

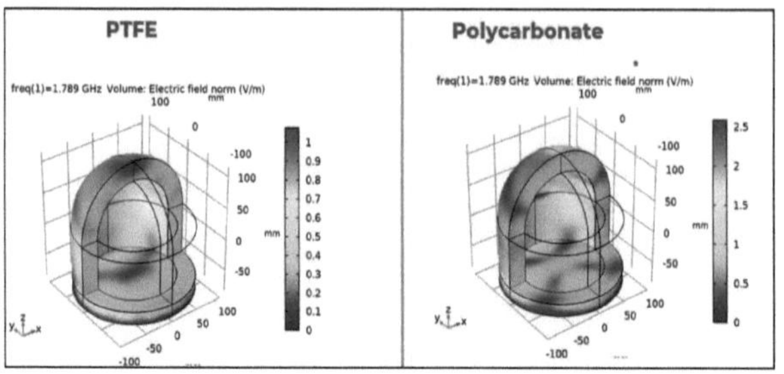

**Figura 24. Campo elétrico volumétrico (3D) para PTFE Vs Policarbonato**

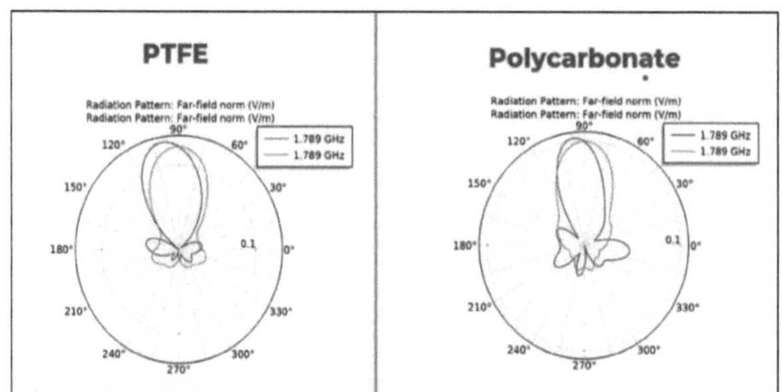

Figura 25. Padrão de radiação: Norma de campo distante (V/m) para PTFE Vs Policarbonato.

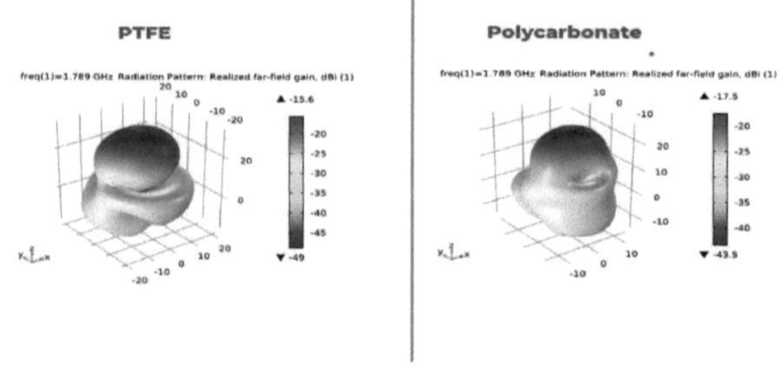

**Figura 26:  Padrão de radiação: Ganho de campo distante realizado, dBi**

Nas figuras. 3 e 4, a distribuição do campo elétrico da cúpula do radar é apresentada para os campos 2D e 3D. Demonstra que a intensidade máxima, que atinge 42,1 volts e 42,2 volts para os materiais PTFE e policarbonato, respetivamente, está centrada no núcleo da cúpula. Este resultado da simulação serve como prova para ilustrar que a utilização do radome aumenta a directividade. Além disso, temos a capacidade de visualizar a distribuição do campo elétrico no invólucro do radome, como se mostra na imagem abaixo. Os resultados da simulação revelam que os campos eléctricos são limitados no interior do radome, conduzindo a campos intensificados na vizinhança da área central da cobertura superior. As figuras 3 e 4 mostram a evolução desta distribuição do campo elétrico ao longo da variação de fase. Para definir o limite do vácuo, é colocada uma camada PML (camada perfeitamente emparelhada) à distância ideal. O padrão de radiação de campo distante para os planos E e H é mostrado na Figura 5. Devido à tampa do radome, o padrão apresenta uma maior directividade quando comparado com o padrão da antena de remendo. A Figura 5 ilustra as características do campo elétrico total, com o plano H (cp = 0) representado pela linha azul e o plano E (cp = JI / 2) pela linha verde. A costura horizontal do radome de PTFE e policarbonato no campo próximo da antena tipo corneta está a provocar o aparecimento de novos lóbulos laterais no plano H (cp = 0), como se pode ver na figura

# 5. CONCLUSÕES

O foco principal durante o fabrico de uma antena é a conceção e análise do radome. Para estes componentes estruturais, uma variedade de materiais é cuidadosamente considerada e concebida, e são apresentados resultados de simulação pormenorizados. As frequências a que estes resultados foram obtidos são aproximadamente 1,789 gigahertz. A distribuição de potencial ao longo da estrutura do radome é revelada pela distribuição do campo elétrico. Além disso, o desempenho do sistema é avaliado através da monitorização da distribuição do campo distante.

# REFERÊNCIAS

1. F. Chen, Q. Shen, e L. Zhang, "Electromagnetic optimal design and preparation of broadband ceramic radome material with graded porous structure", Progress in Electromagnetics Research, Vol. 105, 445-461, 2010.

2. K. A. Yinusa, "A dual-band conformal antenna for GNSS applications in small cylindrical structures," IEEE Antennas and Wireless Propagation Letters, vol. 17, no. 6, pp. 1056-1059, 2018.

3. Micris Radomes, http://www.micris.co.uk/radomes.php, 25 de janeiro de 2009, última data de acesso: março de 2009

4. Mohamed Latarch e Hatem Rmili, "Design of a new type of metamaterial radome for low frequencies", Microwave and Optical Technology Letters, Vol. 52, Issue 5, page 1119-1123, maio de 2010.

5. N.V. Srinivasulu, Safeeruddin Khan e S. Jaikrishna, "Design and Analysis of Submarine Radome", Conferência Internacional sobre Investigação e Inovações em Engenharia Mecânica, Springer India, (2014).

6. O. Russo, A. Colasante, G. Bellaveglia, F. Maggio L.Marcellini, L. Scialino, L. Rolo, J.C. Angevain& R. Midthasse, "State of the Art Materials for KU and KA Band Satellite Antenna Radome", Telecommunications Ground Segments, Workshop, Esa/Estec, (2012).

7. Shobhit K Patel, "Projeto de radome metamaterial de alto ganho para estrutura radiante baseada em microstrip", Materials Research Express,6,2019.

8. T.F.Eibert, "Metamateriais para Radomes de Micro-ondas e o Conceito de Metaradome: Review of the Literature", International Journal of Antennas and Propagation, pp. 1-7. (2017).

9. V. Mercy Soumya, S. Navaneetha, A. Nagarjun Reddy, "Considerações sobre o design de radomes: A Review", International Journal of Mechanical Engineering and Technology, 8(3), pp. 42-48 (2017).

10. Y. Raadi e S. A. Tretyakov, "Balanced and optimal bianisotropic particles:

maximizing power extracted from electromagnetic continuous fields," New Journal of Physics, vol. 15, pp.1-15, junho de 2013.

11. Wikipedia, "Radome", http://en.wikipedia.org/wiki/Radome, 18 de janeiro de 2009, última data de acesso: março de 2009

12. Antennas For Communications, http://www.radome.net, 18 de janeiro de 2009, última data de acesso: março de 2009

13. Essco Radomes, http://www.esscoradomes.com, 18 de janeiro de 2009, última data de acesso: março de 2009

14. Micris Radomes, http://www.micris.co.uk/radomes.php, 25 de janeiro de 2009, última data de acesso: março de 2009

15. Radome Panel Transportation Preparation, http://www.thecoolroom.org/news/RadomePieces_Crate.jpg, 25 de janeiro de 2009, última data de acesso: março de 2009

16. Radome Panel Installation, http://www.radomes.com, 25 de janeiro de 2009, última data de acesso: março de 2009

17. Wikipedia, "Insertion Loss", http://en.wikipedia.org/wiki/Insertion_loss, 25 de janeiro de 2009, última data de acesso: março de 2009

18. W.T.Rusch, J.A.Hansen, R.Mittra, C.A.Klein, "Forward scattering from square cylinders in the resonance region with application to aperture blockage". IEEE Trans. Antenna Propaga.vol AP-24, no.2 pp-182-189, Mar. 1976

19. EsscoRadomes,http://www.l3com.com/essco/resources/ifrdefinition.html, 26 de janeiro de 2009, última data de acesso: março de 2009

20. Essco Radomes, Hydrophobic Coating, http://www.l3com.com/essco/resources/hydrophobiccoating.html, 26 de janeiro de 2009, última data de acesso: março de 2009

21. Saint - Gobain Performance Plastics "Radome Installations_polyester" Aselsan Inc. Proposta 162-1561 D maio de 2004

22. Reuven Shavit, Adam P.Smolski, Eric Michielssen e Raj Mittra "Scattering Analysis of High Performance Large Sandwich Radomes" IEEE Transaction on Antennas and Propagation, Vol.40, No.2 fevereiro de 1992

23. Saint-Gobain Flight Structures, "Sandwich Radome Types" ,
http://www.radome.com, 31 de janeiro de 2009, Última data de acesso: março
de 2009

24. V.J. Dicaudo "Determining Optimum C-Sandwich Radome Thickness by
Means of Smith Chart", IEEE Transections on Antennas and Propagation, pp
822-823, novembro de 1967

25. . D. King "Application of On-Surface Radiation Condition to
Electromagnetic Scattering by Conducting Strip", IEEE Electronic Letters
Vol.25 No.1 5th January 1989

26. Doris I. WU, Motohisa Kanda, "Comparação de dados teóricos e
experimentais para o campo próximo de uma guia de ondas retangular aberta"
IEEE Transactions on Electromagnetic Compatibility, Vol.31 No.4. novembro
de 1989

27. R.E.Collin, "Antennas and Radiowave Propagation", McGraw-Hill
International Editions 3rd printing 1988.

# ÍNDICE DE CONTEÚDOS

Printed by Books on Demand GmbH, Norderstedt / Germany